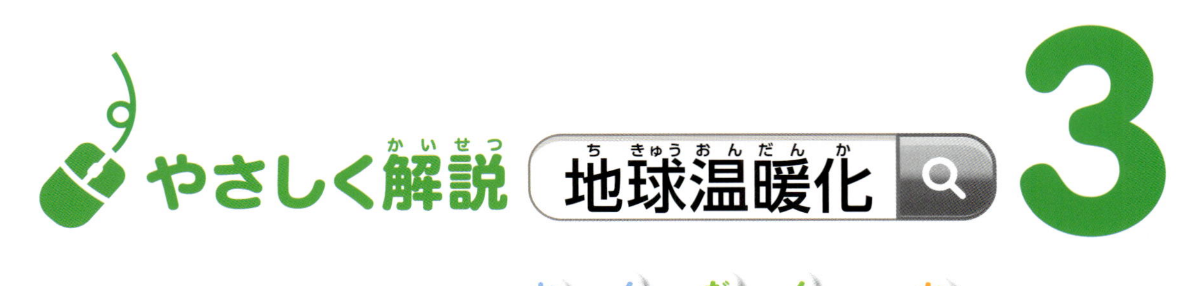

著／保坂直紀（サイエンスライター・気象予報士）　編／こどもくらぶ

岩崎書店

巻頭特集

写真：新華社／アフ

国際的なルールや目標をつくり、世界全体でとりくむ。

20ページ

クイズ　2～5ページの写真には

太陽光や風力など、再生可能エネルギーを利用する。

29ページ

写真提供：ユニフォトプレス

森林の木をできるだけ切らないようにしたり、育てたりする。

21ページ

共通点がある。それは、何？

地熱や太陽熱、バイオマスなどといった、新しい再生可能エネルギーの導入に向けて取り組む。

30ページ

答え 2～5ページの写真は、温暖化を進める

関連する内容が ○○ページ にあるよ。

地元でとれた野菜や魚などを食べる。

41ページ

温室効果ガスをへらすことにつながるもの。

省エネモードなどにして、つかう電力をへらす。

42ページ

はじめに

今、地球温暖化が世界的な問題になっています。地球の気温が上がってきているのです。

気温が上がれば、あたたかくなってくらしやすくなるとはかぎりません。日本の夏はいっそうむしあつくなって、くらしにくくなる可能性があります。気温がかわるだけでなく、はげしい雨がふることも多くなり、災害がもっとたくさんおきるかもしれません。

地球温暖化により、海面の高さは上がると考えられています。小さな島は海の水をかぶり、もうそこでは生活できなくなるのではないかと心配されています。

地球温暖化をひきおこしているのは、わたしたちです。わたしたちは、便利な生活をするために、石油をもやして電気をつくったり、ガソリンをつかって自動車を走らせたりしています。そのとき出る排ガスに、二酸化炭素という気体がふくまれています。この二酸化炭素が大気のなかにふえ、それが原因で現在の地球温暖化がおきているのです。

わたしたちが日本で出している二酸化炭素は、日本でだけ温暖化をひきおこしているのではありません。地球全体の温暖化の原因になっています。ほかの国についても、同じことです。だからこそ、地球温暖化は、世界中で考えていかなければならない問題なのです。

わたしたちがこの問題を考えるとき、たよりになるのは、地球温暖化についての正確な知識です。地球温暖化は、どのようにしてお

きるのか。なぜ石油をもやすことが地球温暖化をひきおこすのか。将来も地球温暖化は進みつづけるのか。地球温暖化で、日びの天気はどうかわっていくのか。どうやって地球温暖化をふせいでいけばよいのか。

今の日本の社会では、この先どのような世の中にしていくのかを、みんなで考えて決めています。一人ひとりが、自分の考え方に近い人を選挙でえらび、えらばれた人がみんなの代表として、これからの世の中を決めていくのです。

ですから、地球温暖化についても、これからどうしていけばよいかを、一人ひとりが、きちんと考えられるようになってほしいのです。そのときに役立つ正確な知識をおつたえしたくて、この本を書きました。

第１巻では、今どれくらい地球温暖化が進んでいるのか、その原因となる二酸化炭素はどこからくるのかといった、現状の説明と地球温暖化のしくみについて書きました。

第２巻では、この先、地球温暖化はどれくらい進むのか、それにともない、どのようなことがおきるのかという、将来の予測と影響をあつかっています。

第３巻には、地球温暖化をふせぐとりくみについて書きました。

みなさんの役に立つと思うことは、少しむずかしいことでもとりあげました。それを、できるだけわかりやすく書いたので、この本で学んだ知識をもとに、これからの地球のことを、ぜひいっしょに考えていきましょう。

サイエンスライター・気象予報士　**保坂直紀**

Photo：NASA／JPL／UCSD／JSC

もくじ

この本のつかい方

この本は、見開きごとに１つのテーマを考えていくようになっています。

この本のなかでのテーマごとの通し番号です。

各テーマのもっとも重要なポイントです。

見開きページのなかであつかっている内容を短く紹介しています。

少しむずかしいことばなどを解説。このページの理解を助けます。

本文に関連する写真や、理解を助ける図版をなるべく大きくのせています。

文中で紫色になっていることばをくわしく解説しています。

国際連合　世界の平和と、経済・社会の発展のために各国が協力することを目的につくられた組織。日本は1956年に加盟した。2017年末時点での加盟国は193か国。

05 世界が協力するしくみ

世界中が地球温暖化防止に向かって協力していくには、国際的なしくみが必要です。その基本になるルールが、気候変動枠組条約で、話しあいの場が締約国会議（COP）です。

気候変動枠組条約

世界が協力して地球温暖化の防止に取り組むには、まず、地球温暖化について、何が正しいのかを科学的に知っておく必要があります。その目的で1988年に国際連合のもとにつくられた組織が、「気候変動に関する政府間パネル（IPCC）」です。1990年からほぼ5年おきに、そのときまでに研究された地球温暖化の科学的な情報をまとめて報告しています。

これをもとに、地球温暖化をおさえるための国際的なルールとなる「気候変動枠組条約」が採択されました。1992年のことです。その当時は、まだ、地球温暖化の原因が人間の活動によって出る二酸化炭素だとはいいきれませんでしたが、とりかえしのつかないことになる前に、温暖化防止の対策をとりはじめようとしたのです。

締約国会議

国際的な条約に参加している国を「締約国」といいます。締約国が集まって開く会議を「締約国会議」といい、英語で書いたときのことばをちぢめて「COP」とよばれることもあります。

気候変動枠組条約のはじめての締約国会議は、1995年にドイツで開かれました。それからは毎年、だいたい11月か12月に開かれています。2017年の「COP23」は、11月にドイツのボンで開かれました。「23」というのは、23回目の締約国会議という意味です。

世界の約束の守り方

世界の国ぐにが同じルールで行動するための約束を「条約」といいます。条約のよび方にはいろいろあって、京都議定書もパリ協定（→P20）も条約です。国際連合などの場で条約の案をつくり、みんなで賛成して、その案を条約にしようと決めることが「採択」です。

ただし、各国にはそれぞれの都合があり、国内の法律もちがいます。そのため、それぞれの国が、自分の国の国会などで、この条約にしたがうことを決めなければなりません。これを決めることを「批准」といいます。そして、批准する国がじゅうぶんに多くなったとき、その条約を守る義務が生まれます。これを条約の「発効」といいます。

1997年の京都会議のようす。開会の辞をのべる当時の橋本龍太郎首相。　写真：AP／アフロ

京都議定書

1997年に京都で開かれた第３回の締約国会議「COP３」では、「京都議定書」が採択されました。国ごとに二酸化炭素をへらす目標をつくって守る、より強力なルールができたのです。日本が話しあいの議長になってつくった京都議定書は、世界が取り組んでいく地球温暖化対策の出発点になる、重要な条約になりました。京都議定書は2005年に発効（→左ページ）しました。

この京都議定書は、先進国だけが守ればよいルールとしてつくられました。まだ開発を進めているさいちゅうの途上国ははずして、すでに工業化が進んだ先進国だけで二酸化炭素を出す量をへらしていこうという考え方です。二酸化炭素などの温室効果ガスを出す量を、2008年から2012年までの５年間をかけて、1990年より５％少なくしていこうというものでした。

ところが、そのころ世界で一番たくさん二酸化炭素を出していたアメリカは、京都議定書に参加しませんでした。石炭や石油などのエネルギー源を自由につかうことができなくなり、アメリカ国内の会社などのもうけがへることをいやがったのです。

京都議定書は、2013年以降も新たなルールでつづいていくはずでした。しかし、このころには、二酸化炭素を出す量は、先進国よりも途上国のほうが多くなっていました。先進国だけが守るルールでは、地球温暖化をふせげなくなっていたのです。結局、新たなルールはつくられず、各国が自分たちの考えで努力していくことになりました。

国際連合　世界の平和と、経済・社会の発展のために各国が協力することを目的につくられた組織。日本は1956年に加盟した。2017年末時点での加盟国は193か国。

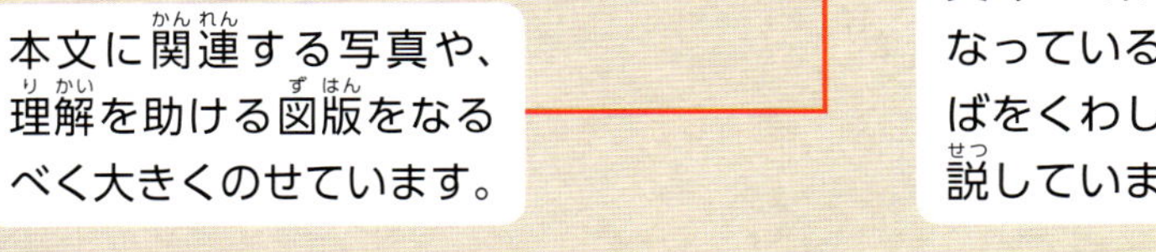

もっと知りたい

省エネ製品の目じるし

省エネ性能の高い製品がひとめでわかるよう、いろいろな表示方法が工夫されています。つかう電気やガソリンが少なければ、電気代なども節約できるので、新しい製品を買うときの目安になります。

ちょっとした心がけで省エネを

なかなか省エネが進まない理由を調べる調査が、東京都民を対象に2015年におこなわれました。

その結果、実行されていない省エネ対策で多かったのは、「少ない水でつかえるシャワーにする」「フローリングの床でつかうときは掃除機を『弱』にする」「テレビの明るさをおさえたり省エネモードでつかう」の順でした。

その理由としては、「シャワーで水を少なくする必要性を感じない」「『弱』だときれいにならない気がする」「テレビは明るいほうが見やすいから」「テレビの設定をかえられることを知らなかった」などでした。

この調査報告書によると、掃除機の「弱」をこまめにつかえば１年間に約1000円の、テレビの明るさをおさえると約700円の節約になるそうです。省エネに取り組むちょっとした気持ちさえあれば、もう少し省エネが進みそうなものもありそうです。

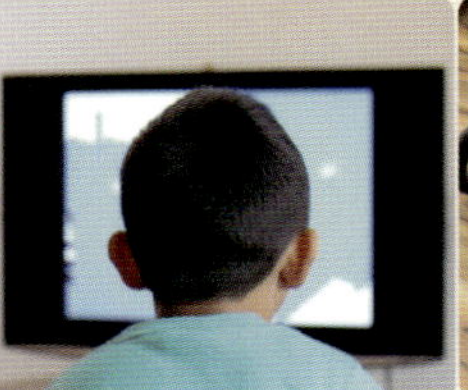

省エネの進み具合をしめす制度

電気製品などを買いかえるとき、省エネの進んだものを買えば、つかう電気の量をへらせて電気代の節約になります。カタログを見れば消費電力は書かれていますが、それがどれくらい進んだ省エネなのかは、よくわかりません。

そこで、日本では、省エネの進み具合がひとめでわかる「省エネルギーラベリング」の制度が、2000年にはじまりました。機器の種類ごとに省エネの目標を決めて、それを達成しているかどうかをマークの色で表示します。緑色なら目標を達成している省エネ機器で、オレンジ色は目標に達していないことをしめしています。

さらに、冷蔵庫、照明器具、テレビ、エアコン、温水洗浄便座については、どれくらい省エネになっているかを星の数でしめす「多段階評価制度」もつかわれています。星の数が多いほど、より省エネになっています。

自動車の「燃費」と「低排出ガス」

燃費（→P43）がよい自動車には、「燃料基準達成車」のシールがはられているのを、よく見かけます。「+20%」というように、どれくらい燃費がよいかを数字でしめしています。

また、排ガスにふくまれている有害な物質が、基準となる値にくらべてどれくらい少ないかをしめす「低排出ガス車」のシールもあります。こちらは、地球温暖化ではなく、大気汚染を防止するための取り組みです。星の数が多いほど、一酸化炭素や窒素酸化物などの有害物質が少ないことをしめしています。

東京都には、燃費がよく排出ガスも少ない自動車を対象に都立公園などの駐車料金を割りびく制度があります。

●省エネラベルの例（電気冷蔵庫）

- このラベルを作成した年度を表示。
- ノンフロン電気冷蔵庫はノンフロンマークを表示。
- ①多段階評価
  - ・市場における製品の省エネ性能の高い順に、５つ星から１つ星で表示。
  - ・トップランナー基準（もっとも省エネ性能がすぐれている機器）を達成している製品がいくつ星以上であるかを明確にするため、星の下のマーク（◀▶）でトップランナー基準達成・未達成の位置を明示。
- ②省エネルギーラベル
  - ・省エネ性マーク、省エネ基準達成率、エネルギー消費効率、目標年度を表示。
- ③年間の目安電気料金
  - ・エネルギー消費効率（年間消費電力量など）をわかりやすく表示するために年間の目安電気料金で表示。

＊電気料金は、公益社団法人 全国家庭電気製品公正取引協議会「新電気料金目安単価」から１kWhあたり27円（税込）として算出。

もっと知りたい

本文の内容を理解するために、知っておくとよい内容をとりあげています。

01 地球温暖化は、もうとまらない

地球の大気中に二酸化炭素がふえて地球があたたかくなっていく「地球温暖化」は、この先、わたしたちがどのようなくらしをしていくかで、気温の上がり方がちがってきます。
「気候変動に関する政府間パネル（IPCC）」が、いろいろな場合について調べています。

地球の気温はこの先どうなるのか？

「気候変動に関する政府間パネル（IPCC）→P18」の評価報告書によると、地球は今100年あたり0.64℃くらいのはやさであたたかくなっています。これが地球温暖化です。将来についても、わたしたちが現在のくらしをこのままつづけていけば、2100年ごろまでの約100年間で、さらに4℃くらい気温は高くなると予想されています。

このシリーズの1巻、2巻で書いてきたように現在の地球温暖化は、わたしたち人間が、便利な生活をするために、石炭や石油などの化石燃料をもやしていることが、おもな原因です。化石燃料をもやすと、そのもえかすとして、地球温暖化を引きおこす二酸化炭素というガスがたくさん出るのです。

わたしたちが二酸化炭素をできるだけ出さないように努力したとき、地球温暖化がこの先どうなるかという点も、IPCCは調べています。

4つのシナリオ

IPCCの報告書では、二酸化炭素などの温室効果ガス（→P23）をどれくらい出しつづけると、地球の気温は何℃くらい上がるのかを、4通りに分けて調べています。これを、4通りの「シナリオ」といいます。シナリオというのは、ドラマや劇をつくるときにつかう、役者のせりふや動き方を書いた本のことです。地球の気候がどのようになっていくのかを、あらかじめ4通りの場合に分けて予想しているのです。

人間の活動によって、地球環境は大きくかわりつつある。

気温が一番上がるのは、わたしたちが二酸化炭素をへらす努力をせず、このままのくらしをつづけた場合です。このシナリオでは、2100年までの100年間に、地球の平均気温は約４℃上がると予想されています。

ＩPCCが想定しているシナリオのうちで、わたしたちが二酸化炭素をへらす努力を最大限した場合だと、気温の上昇は約１℃におさえられます。これを実現するには、かなりの努力と工夫が必要です（→P15）。そのような努力をしても、もう温暖化を完全にふせぐことはできません。

化石燃料 植物や動物の体が地中にうまってできた石炭や石油などのこと。

二酸化炭素 「炭素」というつぶが１つと、「酸素」というつぶが２つ、むすびついてできている物質。CO_2ともいう。地球の大気に約0.04％ふくまれている。赤外線を吸収する性質があり、温室効果ガスの１つ。

●IPCCの４つのシナリオ

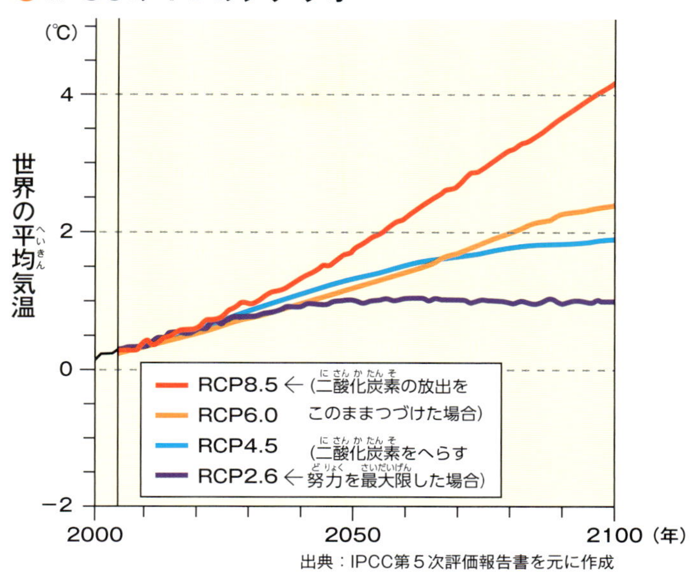

出典：IPCC第５次評価報告書を元に作成

政策決定者向けの要約

ＩPCCの活動の目的は、世界の国ぐにが協力してできるだけ地球温暖化をふせぐために、科学的に正しい情報をまとめて発表することです。ですが、ＩPCCの報告書には、さまざまなことがくわしく書かれていて、とてもむずかしい内容になっています。科学者でない人には読みこなせないほどむずかしいのです。

そこでＩPCCは、報告書をまとめるたびに、その要点をわかりやすく解説した「政策決定者向け要約」もつくって公表しています。これをもとに、それぞれの国の政府が、自分たちの取り組みを考えていくことになります。もともとは英語で書かれていますが、気象庁などが日本語に訳してウェブサイトで公開しています。

気象庁 気象、火山情報、地震などを観測し、国民に向けて情報を発信する国の機関。国土交通省におかれている。

02 あまりにも急な温暖化

地球はあたたかくなったり寒くなったりをくりかえしてきましたが、現在の地球温暖化は、これまでになかったほど、急に気温が上がっています。いそいで対策をとらなければなりません。

地球には昔も温暖化があった

現在の地球温暖化は、わたしたちがとくに対策をとらなければ、2100年ごろまでの100年間で気温が約４℃上がると予想されています（→P10）。

地球は、今から約46億年前に誕生しました。それから現在までのあいだには、あたたかい時期もあれば、寒い時期もありました。その長い歴史からみると、氷河時代にある現在の地球は、寒い時期にあたります。

現在は、氷河時代のなかでも比較的あたたかい「間氷期」で、その前には、とても寒い「氷期」がありました。その最後の氷期が終わりに向かいはじめたのは、今から約２万1000年前です。間氷期に向け、約１万年かけて、４～７℃くらい気温が上がったようです。これが、地球の気温が上がるときの、ふつうのはやさです。

氷河時代 地球上に氷床（大陸などをおおう大きな氷）がある期間のこと。現在も、南極とグリーンランドに氷床があるので、氷河時代にあたる。

砂漠化が進むアフリカのサヘル地帯。砂漠化により、それまでくらしていた地域をはなれた人びとが多くいる。

現在の地球温暖化は、あまりにもはやい

現在の地球温暖化では、「100年」で気温が4℃上がります。氷期の終わりには、「1万年」で4〜7℃上がりました。これを100年あたりになおせば、0.04〜0.07℃のわずかな気温上昇です。つまり、現在は、地球の気温がふつうに上がるはやさの100倍ものペースで、気温が上がっていることになります。

現在の地球温暖化は、地球の歴史からみて、異常な事態です。だからこそ、世界の国ぐにが協力して、いそいで対策をとらなければならないのです。

6回目の大量絶滅

地球では、そのときに生きていた生物のほとんど全部が死んでしまう「大量絶滅」が、今までに5回ありました。一番有名なのは、今から約6600万年前に恐竜たちがほろんだ大量絶滅でしょう。巨大ないん石が現在のメキシコ付近の海に落ち、その衝撃や、まきあげられたガスやちりによる気候の変化が、絶滅のおもな原因だと考えられています。

大量絶滅がおきると、そのあとは、それ以前とはまったくちがう種類の生き物たちの世界になります。現在の地球温暖化は、その進み方があまりにも急なので、これが6回目の大量絶滅になるのではないかともいわれています。

写真：AP／アフロ

03 気温の上昇を1℃におさえる

地球温暖化はもうとめられないとしても、できるだけ温暖化のはばをおさえる努力は必要です。今、世界は、これからの100年の気温上昇を1℃におさえることを目標にしています。

一番きびしいシナリオ

現在の地球温暖化を、できるだけおさえたい。世界の国ぐにが協力して地球温暖化の対策を考えるとき、その目標としているのが、「2100年ごろまでの100年間に上昇する気温を約1℃におさえる」ことです。これは、「気候変動に関する政府間パネル（IPCC）」の報告書にある4つのシナリオ（→P10）のうちで、わたしたちがもっともたくさん努力しなければならない場合です。

世界の国ぐにが約束した「パリ協定」(→P20)でも、このシナリオの実現をめざしています。そうすれば、2100年ごろまでの100年間で上がる気温を、0.3〜1.7℃におさえられます。「1℃」というのは、その平均値です。2050年ごろまでは少しずつ温暖化が進むのですが、その先の2100年ごろまでは、気温は上がらず一定にすることができます。

すでに上がっている1℃を足す

18世紀の後半からはじまった産業革命で、わたしたちは、機械を動かすエネルギー源として石炭などの化石燃料をつかうようになりました。二酸化炭素をたくさん出す生活になったのです。そのころとくらべて、現在はすでに気温が1℃くらい上がっています。

そのため、地球温暖化をおさえる目標として、これまでに上がった気温の「1℃」と、これからの目標である「1℃」を足して、「産業革命前にくらべて2℃未満の気温上昇におさえる」といういいかたを、しばしばします。ニュースなどによく出てくる「2℃未満」は、これをさしています。

蒸気機関車をはじめ、石炭を燃料とする乗り物や機械は産業革命の時代に発明された。

産業革命 18世紀後半にイギリスではじまった、産業や社会のしくみの変化。工場では手作業にかわって機械がつかわれるようになり、蒸気船や蒸気機関車も登場した。エネルギー源にはおもに石炭がつかわれた。

写真提供：ユニフォトプレス

ウルグアイの植林地。この植林地は国際機関から、森林環境を守るための配慮をしていること、地域社会の利益にかなっていること、経済的に継続できるかたちで生産されていることの認証を受けている。

実現は、とても大変だ

IPCCの計算によると、この目標を達成するためには、2100年時点での大気中の二酸化炭素を450ppmくらいにしなければなりません。現在は400ppmを少しこえたくらいですが、二酸化炭素はこれからも大気にたまりつづけます。したがって、この「450ppm」を実現するには、二酸化炭素を出す量を2050年には現在の3～6割にへらし、2100年ごろには、出す量をほとんどゼロにする必要があります。

2100年までに、たとえば現在のような石炭や石油をもやす発電をできるだけやめ、それでも出てしまう二酸化炭素は、森林をふやしておいて植物に吸収させれば、実質的に「ゼロ」にできる可能性があります。

IPCCのシナリオを実現するための二酸化炭素排出量

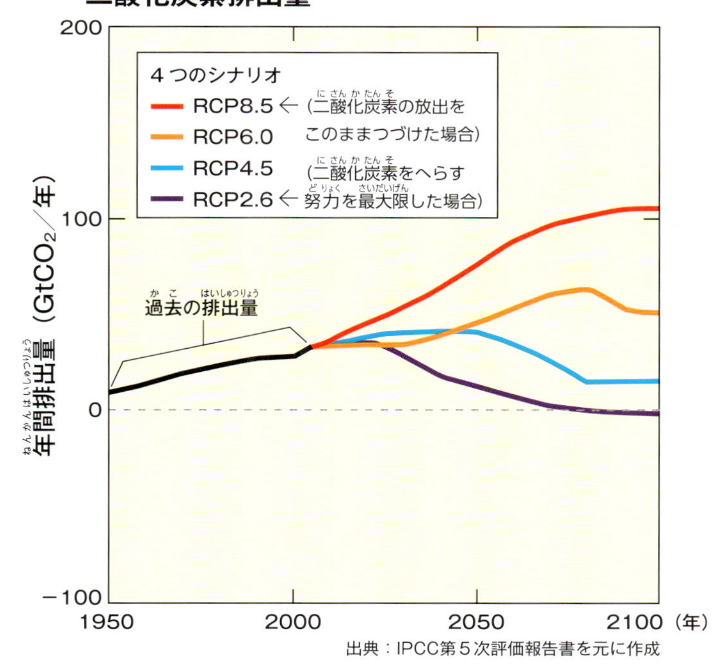

出典：IPCC第5次評価報告書を元に作成

ppm 体積や重さなどが、全体を100万としたときいくつにあたるかをしめすときにつかう単位。全体を100としたときにつかう単位が「%」。全体のなかの割合をしめす点で、これらは同じ種類の単位だ。

04 世界の国ぐにの協力が必要

将来の地球温暖化をおさえるには、世界中で協力して二酸化炭素を出さないようにしなければなりません。ですが、先進国と途上国とで考え方にちがいがあり、みんなで協力するのはたいへんです。

大量のガスをはきだす中国の火力発電所。

世界の協力が必要な理由

地球温暖化の原因となる二酸化炭素は、石炭や石油などをもやすとガスとして発生します。ですから、どの国が出しても、国境をこえて世界に広がります。日本の国内で発生した二酸化炭素でも、それが世界全体の地球温暖化の原因となるのです。

地球温暖化をおさえるため、さまざまな対策をとって努力する国があっても、ほかの国が平気でたくさんの二酸化炭素を出していれば、温暖化はどんどん進んでしまいます。地球全体の二酸化炭素をへらさなければ、意味がありません。地球温暖化の防止に世界中の国ぐにが協力して取り組まなければならないのは、そのためです。

便利なくらしと二酸化炭素

わたしたちの社会がつくりだしてしまう二酸化炭素の多くは、便利なくらしをしようとして発生するものです。

夜になって暗くなれば、家の明かりをつけます。あつかったり寒かったりすればエアコンをつかいます。テレビだって見ます。食べ物は冷蔵庫で保存します。これらをつかうには、電気が必要です。その電気は、おもに石炭や石油などをもやした熱を利用してつくられたものです。

まちでは、たくさんの自動車が走っています。生活に必要な品物の多くは、トラックではこばれています。そのときにガソリンをつかえば、二酸化炭素が出てしまいます。

もし、石炭や石油をつかう量をへらせば、今のような便利なくらしはできなくなるかもしれません。会社でも電気がなければみんなはたらけないので、仕事がへって、給料も下がるかもしれません。

だれでも、便利でゆたかなくらしをしたいものです。なかなか石炭や石油をつかう量がへらないのは、それが大きな理由です。

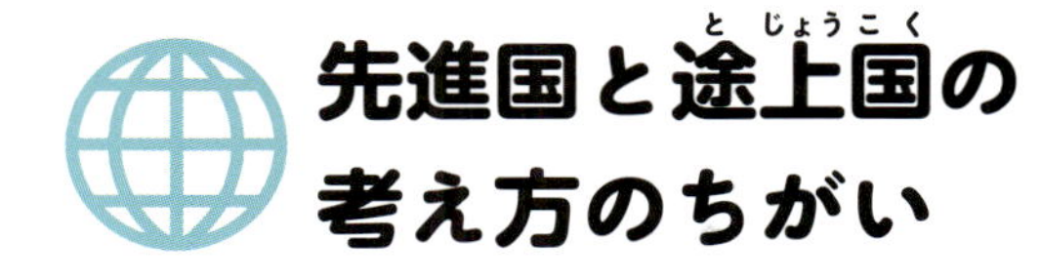

先進国と途上国の考え方のちがい

世界には、日本やアメリカ、ヨーロッパの国ぐにのように、すでに工業化が高度に進んだ「先進国」と、いま進んでいるさいちゅうの「途上国」があります。

先進国は、地球温暖化をもたらす二酸化炭素の増加が問題になった1980年代よりも前に、工業化をなしとげています。つまり、二酸化炭素をできるだけ出さない努力をあまりせずに自由に工業化を進め、現在のゆたかなくらしを手に入れたのです。

ですから、先進国が「これから二酸化炭素を出さないようにしよう」といっても、途上国は納得できません。先進国はさんざん二酸化炭素を出してゆたかになったのに、今、工業化を進めようとしている途上国に二酸化炭素を出すなといわれても、それは不公平だと感じるからです。ここに、地球温暖化防止のために世界が協力することのむずかしさがあります。

●エネルギー利用による二酸化炭素の排出量（世界の国別）

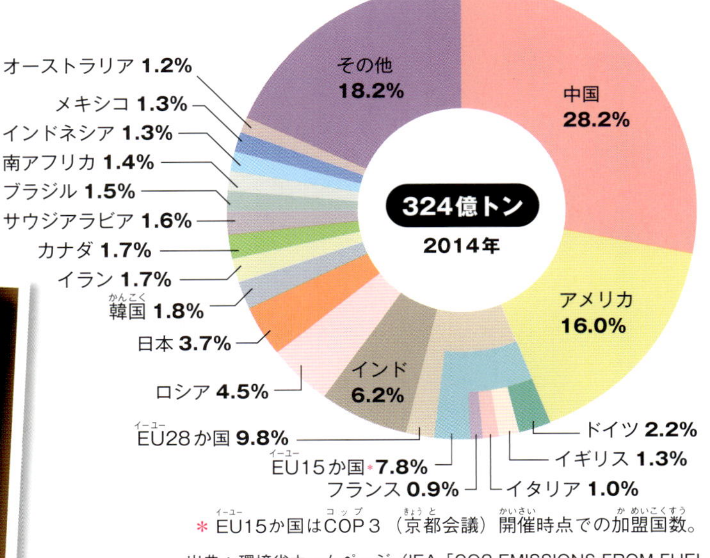

＊ EU15か国はCOP３（京都会議）開催時点での加盟国数。

出典：環境省ホームページ（IEA「CO2 EMISSIONS FROM FUEL COMBUSTION」2016 EDITIONを元に環境省作成）

05 世界が協力するしくみ

世界中が地球温暖化防止に向かって協力していくには、国際的なしくみが必要です。その基本になるルールが気候変動枠組条約で、話しあいの場が締約国会議（COP）です。

気候変動枠組条約

世界が協力して地球温暖化の防止に取り組むには、まず、地球温暖化について、何が正しいのかを科学的に知っておく必要があります。その目的で1988年に国際連合のもとにつくられた組織が、「気候変動に関する政府間パネル（IPCC）」です。1990年からほぼ5年おきに、そのときまでに研究された地球温暖化の科学的な情報をまとめて報告しています。

これをもとに、地球温暖化をおさえるための国際的なルールとなる「気候変動枠組条約」が採択されました。1992年のことです。その当時は、まだ、地球温暖化の原因が人間の活動によって出る二酸化炭素だとはいいきれませんでしたが、とりかえしのつかないことになる前に、温暖化防止の対策をとりはじめようとしたのです。

締約国会議

国際的な条約に参加している国を「締約国」といいます。締約国が集まって開く会議を「締約国会議」といい、英語で書いたときのことばをちぢめて「COP」とよばれることもあります。

気候変動枠組条約のはじめての締約国会議は、1995年にドイツで開かれました。それからは毎年、だいたい11月か12月に開かれています。2017年の「COP23」は、11月にドイツのボンで開かれました。「23」というのは、23回目の締約国会議という意味です。

世界の約束の守り方

世界の国ぐにが同じルールで行動するための約束を「条約」といいます。条約のよび方にはいろいろあって、京都議定書もパリ協定（→P20）も条約です。国際連合などの場で条約の案をつくり、みんなで賛成して、その案を条約にしようと決めることが「採択」です。

ただし、各国にはそれぞれの都合があり、国内の法律もちがいます。そのため、それぞれの国が、自分の国の国会などで、この条約にしたがうことを決めなければなりません。これを決めることを「批准」といいます。そして、批准する国がじゅうぶんに多くなったとき、その条約を守る義務が生まれます。これを条約の「発効」といいます。

1997年の京都会議のようす。開会の辞をのべる当時の橋本龍太郎首相。　写真：AP／アフロ

京都議定書

1997年に京都で開かれた第３回の締約国会議「COP３」では、「京都議定書」が採択されました。国ごとに二酸化炭素をへらす目標をつくって守る、より強力なルールができたのです。日本が話しあいの議長になってつくった京都議定書は、世界が取り組んでいく地球温暖化対策の出発点になる、重要な条約になりました。京都議定書は2005年に発効（→左ページ）しました。

この京都議定書は、先進国だけが守ればよいルールとしてつくられました。まだ開発を進めているさいちゅうの途上国ははずして、すでに工業化が進んだ先進国だけで二酸化炭素を出す量をへらしていこうという考え方です。二酸化炭素などの温室効果ガスを出す量を、2008年から2012年までの５年間をかけて、1990年より５％少なくしていこうというものでした。

ところが、そのころ世界で一番たくさん二酸化炭素を出していたアメリカは、京都議定書に参加しませんでした。石炭や石油などのエネルギー源を自由につかうことができなくなり、アメリカ国内の会社などのもうけがへることをいやがったのです。

京都議定書は、2013年以降も新たなルールでつづいていくはずでした。しかし、このころには、二酸化炭素を出す量は、先進国よりも途上国のほうが多くなっていました。先進国だけが守るルールでは、地球温暖化をふせげなくなっていたのです。結局、新たなルールはつくられず、各国が自分たちの考えで努力していくことになりました。

国際連合　世界の平和と、経済・社会の発展のために各国が協力することを目的につくられた組織。日本は1956年に加盟した。2017年末時点での加盟国は193か国。

パリ協定が採択された気候変動枠組条約締約国会議（COP21）のようす。

写真：新華社／アフロ

06 パリ協定

地球温暖化防止に向けて、きびしいルールを先進国も途上国もいっしょに守っていくためのとりきめが、2015年にできました。それが「パリ協定」です。

世界中の国が参加するはじめてのルール

2015年にフランスのパリで開かれた気候変動枠組条約の締約国会議（COP21）で、「パリ協定」という国際的なルールが決まりました。地球温暖化による気温の上昇を、産業革命前にくらべて2℃未満におさえ、できれば1.5℃以下にするためのルールです。2016年11月に発効（→P18）しました。

京都議定書（→P19）は、これまでたくさんの二酸化炭素を出してきた先進国だけが守るルールでしたが、パリ協定には、先進国も途上国も参加しています。しかも、「できるだけがんばる」という努力目標ではなく、自分たちの計画を５年ごとに世界中に公表し、それが実行できたかどうかについて国際連合の場でチェックを受けるしくみです。2020年以降は、このルールで地球温暖化をおさえていくことになります。

もし計画を実行できなければ、その国は世界中から「約束を守らなかった」という批判を受けるかもしれません。このようなきびしいルールに先進国も途上国も参加したのは、地球温暖化の防止をめざす世界の取り組みのなかで、はじめてのことです。

それぞれの国が具体的な目標をつくる

パリ協定でめざしている目標は、「気候変動に関する政府間パネル（IPCC）」が2014年にまとめた第５次評価報告書でしめした４つのシナリオ（→P10）のうち、もっとも気温の上昇が少ないシナリオにそっています。つまり、パリ協定の目標は、そうすれば地球温暖化をおさえられることが、科学的にわかっているものなのです。

具体的な目標は、それぞれの国が考えます。日本の政府は、温室効果ガスを出す量を、2030年度までに、2013年度にくらべて26％へらすことを目標にしています。途上国のブラジルも、2025年までに2005年にくらべて37％へらすことが目標です。

また、植物は大気中の二酸化炭素を吸収するので、森林の木を大切にする活動も進めることにしています。2100年ごろには、大気中に出す二酸化炭素と森林などに吸収させる二酸化炭素を同じ量にし、大気中に二酸化炭素がふえる量を実質的にゼロにしたいので、森林の木をできるだけ切らないようにしたり、育てたりすることが重要なのです。

アメリカは脱退か？

パリ協定をつくるとき、アメリカは積極的に活動しました。そのころ、アメリカが二酸化炭素を出す量は中国についで世界２位だったこともあり、世界への影響力が大きいアメリカの積極的なはたらきは、世界に歓迎されました。

ところが、その当時のオバマ大統領からかわった新しいトランプ大統領は、2017年６月に、パリ協定への参加をやめるといいました。「アメリカの産業の発展にとって不利になるから」というのが、その理由です。世界中で地球温暖化対策が動きはじめるところだったので、アメリカは世界の国ぐにから批判されました。

参加とりやめの手続きには時間がかかるので、正式にアメリカが脱退するのは2020年以降になります。それまでに、また方針がかわるかもしれません。世界中が協力することのむずかしさがあらわれています。

写真提供：ユニフォトプレス

木材にしるしをつける男性。このしるしは、森林環境を守るための配慮をしていること、地域社会の利益にかなっていること、経済的に継続できるかたちで生産されていることを国際機関が認証することをしめしている。

07 地球温暖化問題はエネルギー問題

地球温暖化の原因になる化石燃料は、電気をつくったり自動車を走らせたりするときにエネルギー源としてつかわれています。ですから、地球温暖化対策は、わたしたちがどのようにエネルギーをつかっていくのかという「エネルギー問題」でもあります。

二酸化炭素が地球温暖化のおもな原因

地球温暖化は、地球の地面や海面が宇宙に向けて出した赤外線を、大気が吸収してしまうことでおこります。吸収する力が強いのは水蒸気と二酸化炭素です。水蒸気は、海などからの蒸発のような自然現象によるものが多いので、わたしたちがふやしたりへらしたりすることはできません。わたしたちが対策をとることができるのは二酸化炭素です。

「気候変動に関する政府間パネル（IPCC）」の報告書によると、現在の地球温暖化は、わたしたちが自分たちのくらしのために余計につくりだしてしまった二酸化炭素がおもな原因です。

メタンやオゾンなども温室効果ガスですが、地球温暖化への影響は、二酸化炭素ほどではありません。わたしたちがまず出す量をへらす努力をしなければならないのは、二酸化炭素なのです。

●温室効果のイメージ図

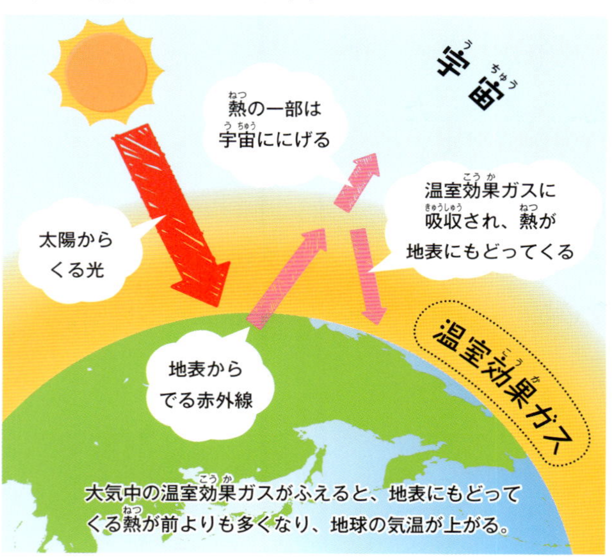

赤外線 光のなかまで、熱のエネルギーをよくつたえる性質をもつ。目にはみえない。

水蒸気 水は0℃以下では固体になり、100℃以上だとすべてが気体になる。固体の水を氷といい、気体になった水を水蒸気という。水は、100℃にならなくても水面から蒸発して、空気中の水蒸気になる。

メタン 二酸化炭素についで強い温室効果がある気体。かれた植物が湿地や沼などで分解されるときや、動物のげっぷなどによって発生する。

オゾン 地球をとりまく大気にごくわずかにふくまれている気体。太陽からくる有害な紫外線を吸収する性質がある。高度25kmのあたりに、オゾンが多くふくまれている「オゾン層」がある。

化石燃料をつかう量をへらす

IPCCの報告書によると、わたしたちが出す温室効果ガスの量は、2000年から2010年までのあいだに、１年あたり2.2％の割合でふえています。

2010年の時点で、わたしたちが出した温室効果ガスの８割は二酸化炭素です。その二酸化炭素の８割以上が、石炭や石油などの化石燃料をもやしたり、工場で製品をつくるときに出てきたりするものです。

温室効果ガスをへらすには、いろいろな種類の対策をとらなければなりませんが、そのうちで中心となるのは、電気をつくったり自動車を走らせたりするときのエネルギー源としてつかう化石燃料を、どのようにしてへらしていくかということです。地球温暖化対策は、すなわち、エネルギーのつかい方の問題なのです。

温室効果ガスの影響の大きさ

温室効果ガスには、二酸化炭素のほか、メタンやオゾンなどがあります。地球の気温を高めるはたらきの強さはそれぞれちがうので、大気中の量を比較しても、実際にどのガスがどれくらい地球温暖化を進めてしまうのか、わかりません。たとえばメタンは、二酸化炭素の約30倍もの温室効果をもつのですが、大気中の量が二酸化炭素よりずっと少ないため、地球温暖化を進めるはたらきは、二酸化炭素ほどはありません。

そこで、地球温暖化の対策を考える場合は、メタンやオゾンなどが地球をあたためてしまう度合いを、もしそれが二酸化炭素だったらどれくらいの量にあたるかでしめして、二酸化炭素と比較します。

●二酸化炭素の総排出量（世界）

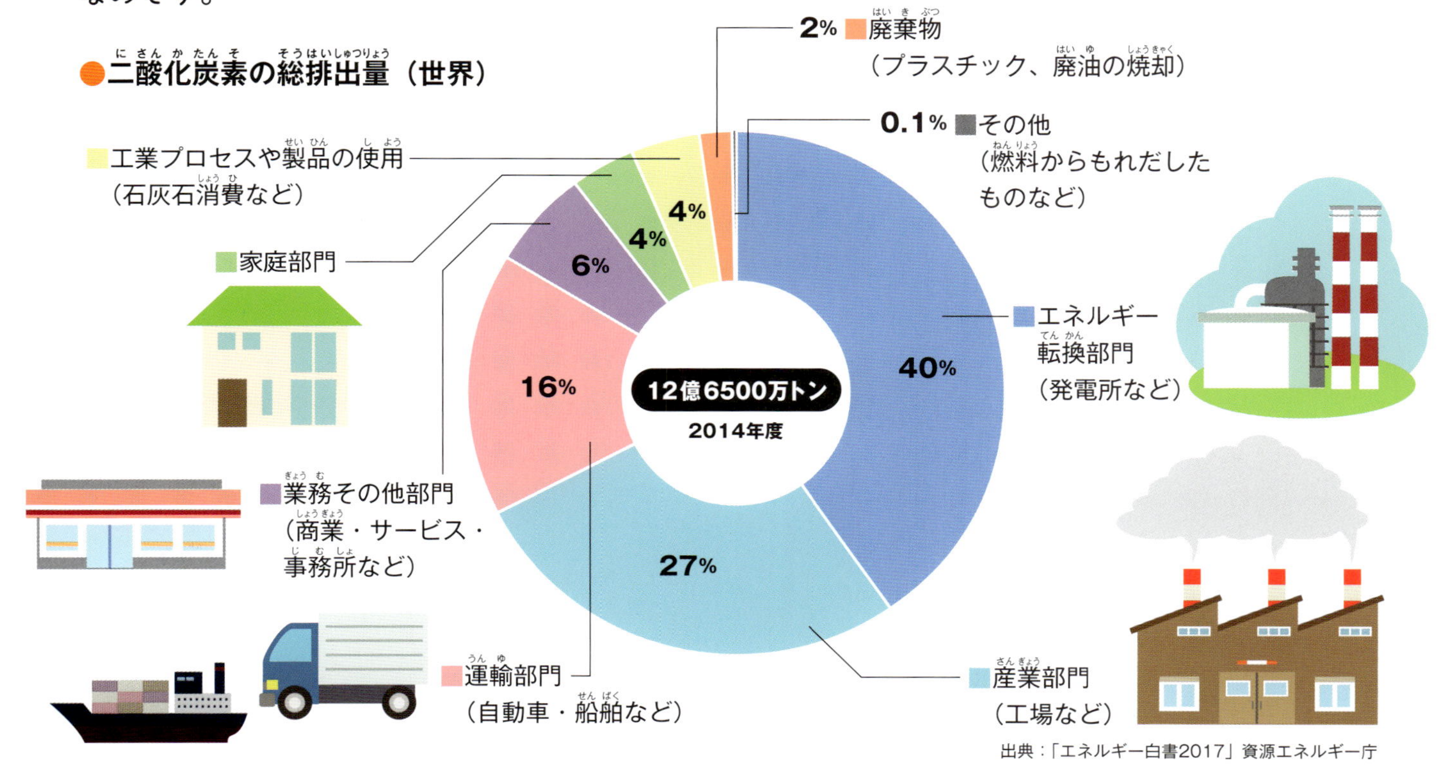

出典：「エネルギー白書2017」資源エネルギー庁

08 石炭と石油

石油（左）と
石炭（下）。

大気中にできるだけ二酸化炭素をふやさないようにするには、石炭と石油のつかい方を考えなおさなければなりません。石炭は発電の、石油は自動車などのエネルギー源としておもにつかわれています。

二酸化炭素を多く出す化石燃料

2015年に世界でつかわれたエネルギーのうち、９割近くは化石燃料です。石油がもっとも多くて33%、石炭が29%、天然ガスが24%です。これらは、電気をつくったり自動車を走らせたりするエネルギーとしてつかわれ、もやすと二酸化炭素が出ます。

このほかにも、原子力が４%、水力が７%つかわれていますが、こちらはつかうときに二酸化炭素を出さないので、地球温暖化の原因にはなりません。また、天然ガスは、もやしても、石炭や石油ほどは二酸化炭素を出しません。地球温暖化をおさえるには、まず、石炭と石油のつかい方を考えていかなければなりません。

●世界のエネルギー消費量の推移

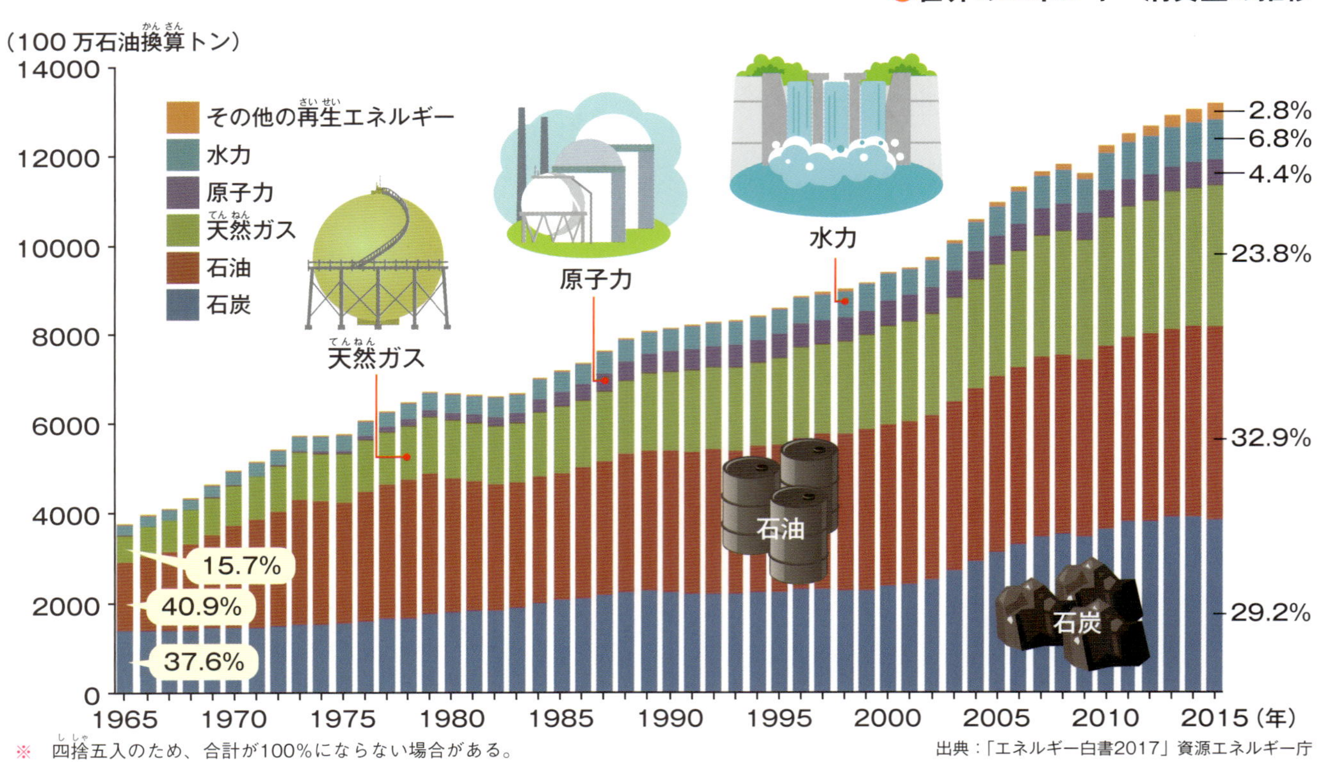

※ 四捨五入のため、合計が100%にならない場合がある。

出典：「エネルギー白書2017」資源エネルギー庁

採掘された石炭を、火力発電所まではこぶベルトコンベアー。アメリカのトランプ大統領は、火力発電における石炭の使用をふやそうと考えている。

写真：ロイター／アフロ

石炭は発電につかわれている

世界でつかわれる石炭の６割は、発電に利用されています。火力発電所で石炭をもやしてお湯をわかし、発生する水蒸気のいきおいで羽根をまわして発電します。風力発電では、風でまわる大きな羽根で発電します。火力発電所もしくみは同じです。「タービン」とよばれる装置のなかにある羽根をまわして発電します。

石炭をもやして出る二酸化炭素をへらすには、発電のときに、できるだけ石炭をつかわないようにすることが役立ちます。日本や韓国、中国、インドなどでは、今も石炭をもやしてつくった電気を多くつかっていますが、世界全体の石炭の消費量は2013年をピークにへってきています。世界でもっともたくさん石炭をつかっている中国でも、最近は石炭火力発電所がへっています。

世界をみると、石炭ではなく、太陽の光や風の力などの「再生可能エネルギー（→P26）」をつかう発電がふえてきています。

自動車のガソリンをへらす

石油は、地下で長い時間をかけてできたものです。地下からくみあげた状態のものが「原油」で、原油を原料にして、ストーブでつかう「灯油」や自動車の燃料にする「ガソリン」などをつくります。原油やこれらの製品をまとめて「石油」といいます。原油のことを石油という場合もあります。

世界全体でつかわれる石油の量は、石炭とはちがい、今もふえつづけています。

石油は、自動車や飛行機などで物をはこぶための燃料として、もっともたくさんつかわれています。家庭でつかわれたり、発電に利用されたりする石油の量はあまりふえていないのですが、自動車の数が世界でふえ、その結果、石油がどんどんつかわれるようになっているのです。ですから、石油から出る二酸化炭素をへらすには、自動車からできるだけ二酸化炭素が出ないようにすることが大切です（→P43）。

09 再生可能エネルギー

**地中にうまっている
石炭や石油は、
つかうとなくなってしまう
エネルギー源です。
太陽からの光や風の力などの
「再生可能エネルギー」なら、
いつまでもつかいつづける
ことができます。**

二酸化炭素をへらす方法

地球温暖化の原因となる二酸化炭素の排出をできるだけへらすためには、いくつかの方法があります。

1つは、わたしたちが生活するためにつかうエネルギーを、石炭や石油でないものにかえていくことです。これから紹介する「再生可能エネルギー」は、つかうときに二酸化炭素を出しません。

また、省エネも大切です。「省エネ」というのは、「つかわなくてもよいエネルギーを省く」という意味です。だれもいない部屋の明かりを消すのも省エネです。同じ量のガソリンで、よりたくさん走ることのできる自動車をつかうのも省エネです。

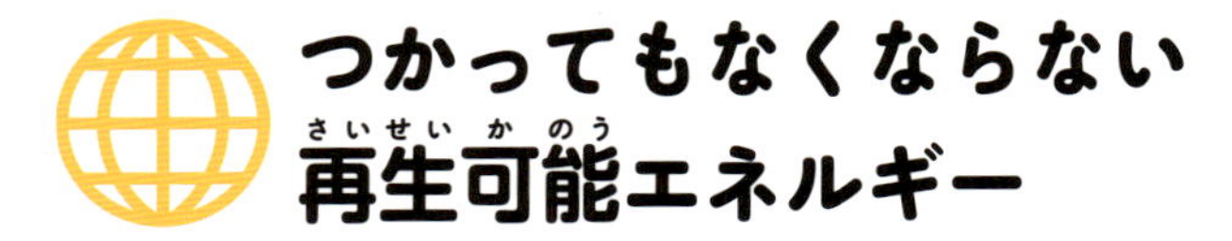

つかってもなくならない再生可能エネルギー

電気は、石炭や石油だけではなく、太陽の光や風の力をつかってつくることもできます。太陽の光や熱、風力、地中の熱、水力などのエネルギーを、「再生可能エネルギー」といいます。

再生可能エネルギーの特徴は、いくらつかってもなくならないことです。石炭や石油は、このままほりだしてつかいつづけると、いつかはなくなってしまいます。ところが、太陽光や風は、なくなることがありません。

そして、わたしたちが今、再生可能エネルギーに注目するのは、先ほどお話ししたように、利用するときに二酸化炭素を出さないためです。

わたしたちは、エネルギー源として昔から石炭や石油をつかってきたので、それをすぐにやめるのはむずかしいのですが、石炭や石油から再生可能エネルギーに切りかえる動きが、世界中で強まっています。

輸入する必要がない

日本の場合、石炭も石油も、ほとんどが外国から輸入されています。そのため、世界の事情でその値段がかわりやすく、もし輸出している国と関係が悪くなれば、日本にこれらの燃料が入ってこなくなるかもしれません。

ですが、再生可能エネルギーは、太陽や風などのエネルギーなので、輸入する必要がありません。外国の心配をしないでつかえる点も、再生可能エネルギーのよいところです。

日本に天然ガスをはこんできたタンカー。

「再生可能エネルギー」ということば

「再生」というのは、不要になったものをつくりかえて、また新しいものとしてつかえるようにすることです。ですから、「再生可能エネルギー」ということばは、本来なら、「つくりなおして、くりかえしつかうことのできるエネルギー」という意味のはずです。

ところが、再生可能エネルギーは、つかったあとに出たものを、もう一度つかうわけではありません。太陽光にしても風力にしても、そこにあるものをつかったら、それでおしまいです。

ただし、何度つかっても新しいエネルギーがやってくるので、まるでくりかえしつかっているかのようです。「再生可能エネルギー」は、「再生」してつかっているわけではないのですが、「つかってもなくならないエネルギー」という意味で、このことばが広くつかわれています。

石炭を地面からほりだしている採掘場（ヨーロッパ）。石炭は、こうしてほっていけば、いつかはなくなってしまう。

10 太陽光と風力

再生可能エネルギーのうち、水力発電をのぞくと、発電にもっとも たくさんつかわれているのは太陽からの光と風の力です。

太陽の光のエネルギーで電気をつくる

「太陽光発電」は、太陽の光を電気にかえる方法です。太陽電池という装置をつかい、その表面に太陽光があたると電気が生まれるのです。太陽電池をいくつか組みあわせて、たくさん電気をつくることができるようにしたものを、「太陽光パネル」「ソーラーパネル」といいます。「ソーラー」は、英語で太陽という意味です。

太陽電池は、小さなものなら、すでにわたしたちの身のまわりでもたくさんつかわれています。太陽電池をつかった腕時計は、文字盤に組みこんだ太陽電池で電気をつくり、その電気をべつの電池にためておいてつかいます。光をあてればつかえる太陽電池式の電卓も、電池切れの心配がなくて便利なものです。

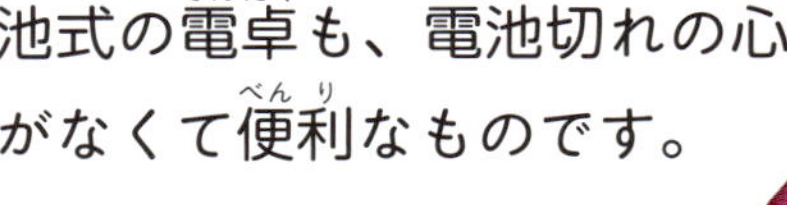

ふえている太陽光発電

家の屋根に太陽光パネルをすえつければ、わたしたちがくらしでつかう電気のかなりの部分を、それでまかなうことができます。そのぶんだけ、石炭や石油をもやす火力発電所でつくる電気をつかわずにすむので、二酸化炭素を出す量をへらすことになるのです。

くもりや雨の日には電気の量がへり、夜はつかえませんが、ほかの方法でつくった電気も上手にあわせてつかっていけば、それはあまり大きな問題にはなりません。ただし、太陽光発電は、太陽からの光が1年を通して強い熱帯などの地域のほうが有利で、地球上のどこでも利用できるわけではありません。

太陽電池の利用が広まるとともに装置の値段も急に下がってきて、2000年代の後半から、太陽光発電の量はどんどん多くなっています。広い場所にたくさんの太陽光パネルをおいて電気をつくる本格的な発電所も、世界中でふえています。太陽光発電が一番広まっている国は中国で、ドイツ、日本、アメリカがそれにつづいています。

太陽光発電の導入量

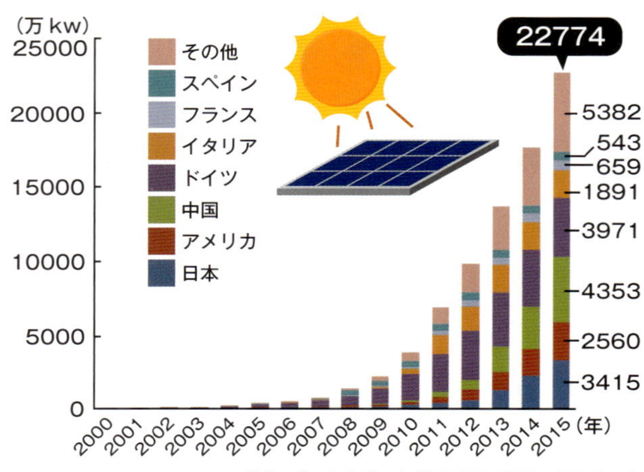

出典：「エネルギー白書2017」資源エネルギー庁

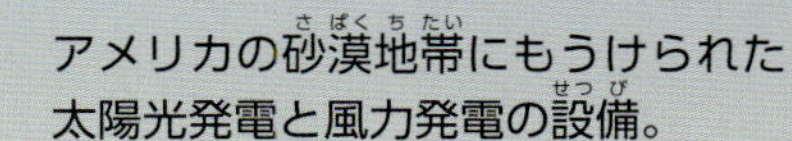

アメリカの砂漠地帯にもうけられた
太陽光発電と風力発電の設備。

たくさんつかわれている風力発電

今、世界中で太陽光発電よりたくさんつかわれている再生可能エネルギーがあります。それは「風力発電」です。

風力で発電するには、風が強くふくところに風車をたてます。陸上にたてる場合もあれば、海底から風車が水の上に出るようにたてたり、海上にうかべた大きな台の上にたてたりすることもあります。

風力発電の欠点は、風が弱いときはあまり発電できないことや、近くに人が住んでいる場所だと風車がまわるときに出る音が迷惑になったり、風車に鳥がぶつかり死んでしまったりすることです。

風力発電も、太陽光発電と同じように、2000年代後半からふえています。中国、アメリカ、ドイツでさかんです。日本では、まだほとんどつかわれていません。最近は、途上国が熱心にとりいれています。

11 地熱・太陽熱・バイオマス

発電のとき二酸化炭素を出さないエネルギー源には、地熱や太陽熱もあります。これらも再生可能エネルギーです。

火山が多くあるアイスランドでは地熱発電が積極的におこなわれている。

地球が生みだす熱をつかう

地熱とは、地球がもっている熱のことです。地球の中心部は、6000℃近くの高温です。太陽の表面と同じくらいの温度です。地表にはこばれてきたこの熱を利用するのが、地熱発電です。

地熱発電のしくみは、温泉と関係があります。あつい温泉は、火山の近くでわいています。火山の下には、岩石がとけたあつい「マグマ」が深いところからのぼってきています。この熱で地下水があたためられて、地上にわきでて温泉になったり、水蒸気を噴出したりします。地熱発電では、この熱を地下からパイプで熱水や水蒸気としてとりだし、それでタービンをまわして発電します。

地熱発電は世界でもまだあまり広まっていませんが、一番たくさんの設備をもっているのはアメリカで、フィリピン、インドネシアがそれにつづきます。火山や温泉が多い日本も地熱発電に適した国ですが、利用はごくわずかです。

地熱の利用には、発電のほか、わきでた熱水をそのまま暖房などにつかう方法もあります。

太陽の熱であたためて発電する

太陽光発電では、太陽電池にあたった光が、そのまま電気にかわります。このように光をじかに電気にかえるのではなく、光で何かをあたためて、その熱を利用して電気をつくるのが太陽熱発電です。

レンズや鏡で太陽の光を集めてお湯をわかし、発生する水蒸気でタービンをまわして発電します。光を集める方法や、熱を電気にかえる方法には、いろいろな種類があります。

スペインにある太陽熱発電の設備。鏡で反射させた光をタワーに集めて熱をため、発電する。

バイオマス燃料

木くずやもみがら、生ごみなど、もともと植物や動物だったものをエネルギーとしてつかうこともできます。これを「バイオマス・エネルギー」といいます。「バイオ」というのは、英語で生き物のことです。

木くずなどの植物をもやせば、二酸化炭素が出ます。その点は、太陽光や風力とはちがいますが、植物は大気中の二酸化炭素を吸収して育ったので、もやして二酸化炭素が出ても、プラスマイナスゼロだと考えるのです。

バイオマス・エネルギーを発電につかうときは、そのまま燃料としてもやしたり、もえやすいガスにしてからもやしたりします。

●植物が二酸化炭素を吸収する流れ

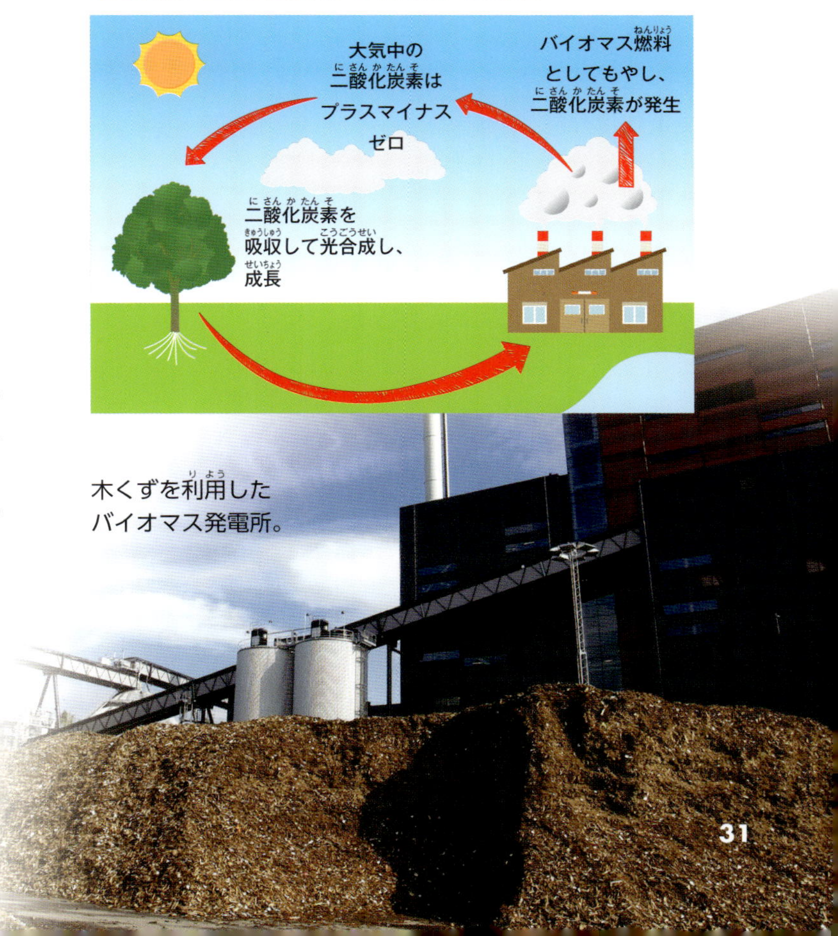

木くずを利用したバイオマス発電所。

12 日本でつかわれているエネルギーの特徴

日本のエネルギーのつかい方は、化石燃料を多くつかい、再生可能エネルギーがなかなか広まらないことが特徴です。

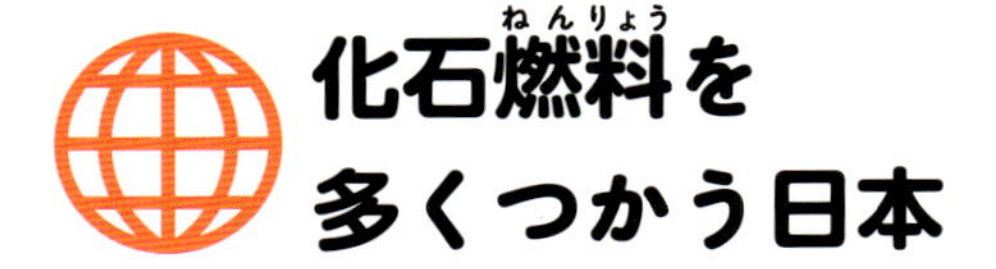

化石燃料を多くつかう日本

日本は、さまざまなエネルギーのもとになる「一次エネルギー（→P33）」のうち９割が化石燃料（→P10）です。これは、先進国のなかでは高い割合です。アメリカやイギリス、ドイツの一次エネルギー供給量は８割くらいで、フランスは５割くらいです。途上国の中国は９割くらいが化石燃料です。

「自然エネルギー白書2016」によると、2015年度に日本で発電につかわれた一次エネルギーは、天然ガスが一番多くて40%、石炭が32%、石油が８%の順です。電気をつくるときも、原料の８割が化石燃料なのです。一方、再生可能エネルギー（→P26）は15%ほどです。世界ではすでに24%くらいが再生可能エネルギーですから、再生可能エネルギーの利用が少なく、化石燃料の割合が高いのが、日本の特徴です。

また、日本では、2030年の時点でも発電量の２割くらいを原子力発電（→P34）でまかなう計画になっています。天然ガス、石炭につぐ３番目の発電量です。

●発電につかわれた一次エネルギー（日本、2015年度）

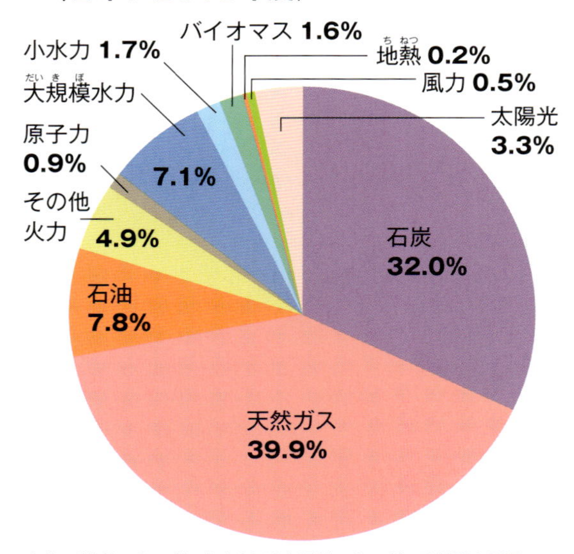

出典：「自然エネルギー白書2016」環境エネルギー政策研究所編

●再生可能エネルギーによる発電量の割合

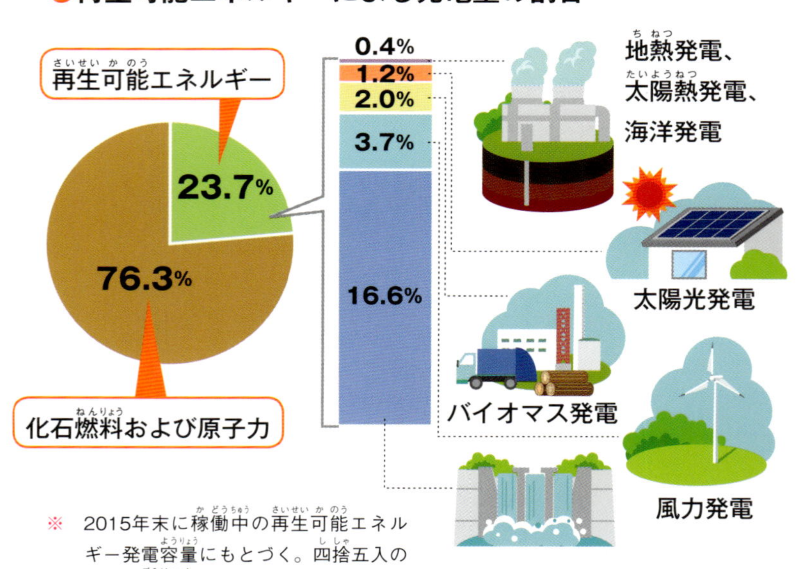

※ 2015年末に稼働中の再生可能エネルギー発電容量にもとづく。四捨五入のため、合計値はかならずしも整合しない。

日本は再生可能エネルギーにめぐまれている

日本で発電につかわれている再生可能エネルギーは太陽光が多く、世界的に多い風力は、ほとんどつかわれていません。

ところが、じつは日本は風力にめぐまれた国です。環境省が2010年度にまとめた調査によると、日本でもっともたくさん発電につかえそうな再生可能エネルギーは風力で、太陽光や地熱よりはるかに有望です。しかし、騒音や鳥への被害などの問題（→P29）があるうえ、海に風車をたてる場合は、漁業をする人とじゅうぶんに話しあう時間も必要で、なかなか進みません。

日本には火山もたくさんあるので、地熱発電もおこなえるはずです。しかし、火山の近くは、温泉がわいて観光地になっていたり、国立公園になっていたりするので、発電所をつくることがむずかしいのです。

東北電力がもつ地熱発電所。

一次エネルギーと二次エネルギー

何かを動かしたりあたためたりするもとになるものをエネルギーといいます。たとえば自動車は、ガソリンをエネルギーにして走ります。

ガソリンは、地下からくみだした「原油」を加工してつくられたものです。この原油のように、一番もとのエネルギーになるものを「一次エネルギー」とよびます。一次エネルギーをつかってつくられるのが「二次エネルギー」です。

一次エネルギーには、原油のほか石炭や天然ガス、原子力、太陽光、風力などがあり、二次エネルギーには、電気やガス、灯油、ガソリンなどがあります。

もっと知りたい

原子力発電

原子力発電は、電気をつくるとき、二酸化炭素を出しません。しかし、強い「放射能」をもつごみが出るので、あつかいかたがむずかしい発電方法です。

石炭や石油のかわりにウランをつかう

原子力発電のエネルギー源は、おもに「ウラン」という物質です。ウランの小さなつぶを分裂させたときに出る熱を利用して電気をつくるのが原子力発電です。火力発電所では石炭や石油などをもやしたときの熱をつかいますが、そのかわりにウランをつかうのです。

ウランは、分裂するとき、「放射線」という有害なつぶを出します。このような放射線を出す性質を「放射能」といいます。原子力発電では、「原子炉」という大きな容器のなかで、放射能をもつ物質からエネルギーをとりだしています。人間が強い放射線をあびると死んでしまうこともあるので、放射能をもっている物質や放射線が原子炉の外に出ないように管理されています。

ウランの燃料ペレット（セラミックに焼きかためたもの）。

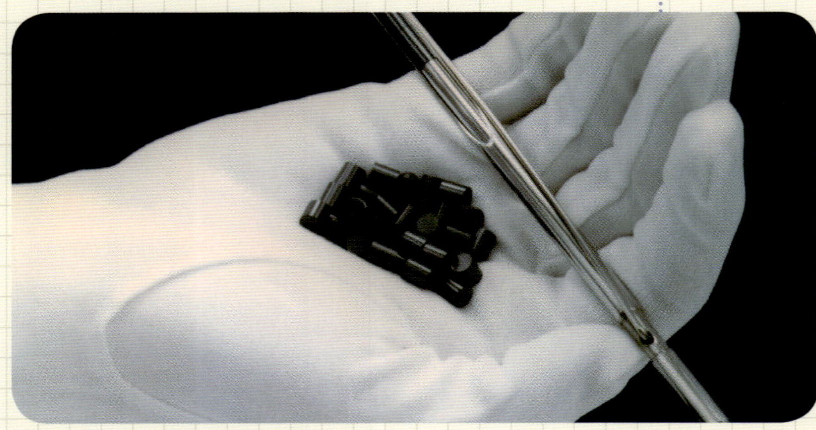

写真：Science Photo Library／アフロ

放射能をもったごみが出る

石炭や石油をもやすと二酸化炭素のガスが出るのと同じように、原子力発電では、強い放射能をもった固形のごみがたくさん出ます。ごみの放射能はだんだん弱まっていくのですが、それにはとても長い時間がかかります。

わたしたちのまわりでは、ふだんでも地面から放射線が出ています。宇宙からもやってきます。ですが、これらはとても弱いので、原子力発電のごみがもつ放射能が弱まって自然の状態と同じくらいになるには、数万年以上もの長い期間が必要です。

日本の政府は、このごみを地下深くに保管しておく計画をたてています。今から数万年前といえば、日本ではまだ縄文時代にさえ入っていない**旧石器時代**でした。そしてこの先、数万年たったとき、わたしたち人類がはたして今のままくらしているのか、想像もできません。それくらい遠い将来まで、放射能をもったごみを、きちんと保管していかなければならないのです。

旧石器時代 人類が石でつくった道具をつかうようになった時代。約200万年前にはじまったとされる。日本では、1万年あまり前に縄文時代にうつった。

東日本大震災で原子力発電所がこわれた

原子力発電所は、じゅうぶん安全につくってあるので、ぜったいに事故はおきないと日本の政府は昔からいってきました。ところが、2011年3月の「東日本大震災」では、福島県にある東京電力の原子力発電所がこわれました。放射能をもつ物質がまきちらされて、発電所の近くで人はくらすことができなくなりました。

放射能をもった原子力発電のごみは、すでにたくさん出てしまっています。この先、わたしたちがどのようなエネルギー源をえらぶべきかは、みんなでよく考えて決めなければならない問題です。

原子力発電と原子爆弾

1945年８月に広島に落とされた原子爆弾にも、ウランがつかわれていました。ウランが分裂するときのエネルギーをつかうという点では、原子爆弾も原子力発電も同じです。

原子爆弾は、一度分裂がはじまると、一気に大量のエネルギーが出るようにつくられているのに対し、原子力発電では、少しずつ分裂するように調整されています。

水素爆発などの大事故がおきた東京電力福島第一原子力発電所。

写真：TEPCO／AP／アフロ

13 二酸化炭素をおさえる社会のしくみ

化石燃料の使用をへらし、再生可能エネルギーをよりたくさんつかうようにするため、世界の国ぐにでは、さまざまなしくみを取りいれています。

固定価格買取制度

再生可能エネルギーで発電しようとしても、新しい設備を買わなくてはならなかったり、電気をつくるのにたくさんの費用がかかったりすると、なかなか社会に広まりません。そこで、太陽光などの再生可能エネルギーで発電した電気を、電力会社がふつうの電気より高い値段で買いとるしくみができました。これが「固定価格買取制度」です。

このままでは電力会社が損をしてしまうので、電力会社は、そのぶんだけ、わたしたちに送っている電気の料金を少し値上げしています。つまり、再生可能エネルギーの利用をふやすための費用を、わたしたちが少しずつはらっていることになるのです。

この制度は、世界の国ぐにで、おもに国の政策として取りいれられています。日本でも2012年に取りいれられました。

再生可能エネルギーによる発電がふえてくると、わたしたちがはらう電気料金が上がるので、その負担があまり大きくならないよう、電力会社が買いとる値段を下げていく必要があります。すると、再生可能エネルギーで発電しようとする会社や人がふえなくなってしまいます。その点が、この制度のむずかしいところです。

●再生可能エネルギーの固定価格買取制度のしくみ

再生可能エネルギー発電者
- 太陽光発電（メガソーラー）
- 住宅用太陽光発電
- 中小水力発電
- 風力発電
- 地熱発電
- バイオマス発電

再生可能エネルギーでつくった電気を電力会社などに送る。

電気 →
← 代金

電力会社などは送電された電気の量におうじ、決められた価格の代金を支払う。

消費者に電気を送る。

電気 →
← 賦課金

再生可能エネルギーを買いとる費用を「賦課金」というかたちで負担する。

建築技術により、暖房や冷房をほとんどつかわずにすごせるよう設計されたドイツの商業施設や住宅。屋根には太陽光パネルがしきつめられている。写真提供：ユニフォトプレス

炭素税

石炭や石油などの化石燃料には「炭素」がふくまれています。化石燃料をもやしたときに出る二酸化炭素は、この炭素がもとになってできたものです。そこで、二酸化炭素の排出をおさえるため、化石燃料をつかった会社や人に、つかった量におうじて国が税金としてお金をはらってもらうしくみができました。これが「炭素税」とよばれる制度です。

この制度のもとでは、製品や電気をつくるときにつかう化石燃料をへらす努力をしなければ、会社はもうけの一部を、よりたくさんの税金としてはらわなければなりません。そのぶんを製品の値段に上乗せすれば、製品の価格が高くなって、あまり買ってもらえなくなるかもしれません。だから、できるだけ化石燃料の量をへらそうとします。

会社は、新しい税金をはらわなければならなくなるこのような制度を、いやがることもあります。炭素税は1990年ごろから世界の国ぐにで取りいれられるようになり、日本でも「地球温暖化対策のための税」という同様の制度が、2012年からはじまっています。

排出量取引制度

炭素をつかうとお金をはらわなければならないしくみとして、炭素税のほかに「排出量取引制度」があります。これは、「この量までは二酸化炭素を出してもよい」という枠を、国や会社などがあらかじめ決めておき、それよりたくさん二酸化炭素を出してしまった場合は、二酸化炭素をあまり出さずにすんだ国や会社などにお金をはらって、その枠を買いとるという制度です。京都議定書（→P19）をきっかけに生まれたしくみです。

最初に、二酸化炭素の排出をおさえるように枠をきちんと決めておけば、たとえその目標に達しない国や会社などがあっても、全体としてはその目標を達成できることになります。ヨーロッパの国ぐにでは、2005年からこの制度がつかわれています。日本では、東京都や埼玉県などが取り組みをはじめています。

●排出権取引のイメージ

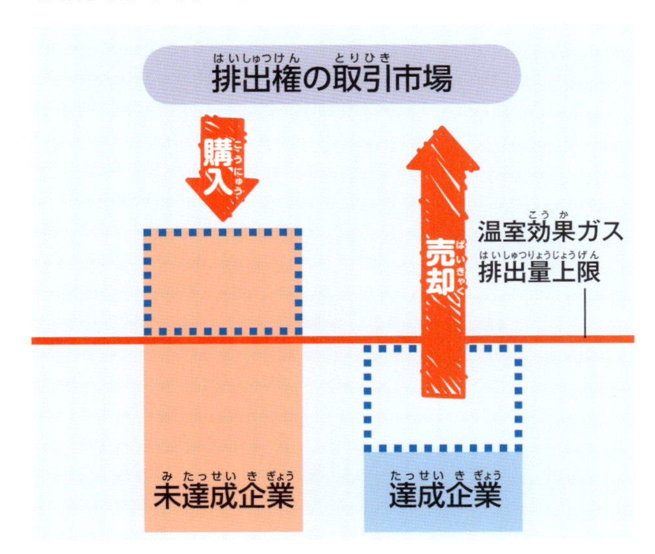

14 むだをなくして省エネしよう①

わたしたちのくらしから出る二酸化炭素をへらすには、必要のない電気などをできるだけつかわないようにすることも大切です。その例を紹介しましょう。

むだなエネルギーをつかわない「省エネ」生活

わたしたちは、電気などのエネルギーをつかわずにくらしていくことはできません。夜には明かりが必要ですし、ガソリンをつかう自動車も生活に欠かせない乗り物です。ですが、つかうエネルギーの量をへらすことはできます。それが「省エネ」です。

家庭でつかうエネルギーには電気やガソリン、ガス、灯油などがありますが、全体の半分くらいは電気なので、省エネのためには、むだな電気をつかわないようにすることが大切です。

むだな熱を入れない、出さない

部屋をすごしやすい温度にするため、外があつければ冷房し、寒ければ暖房します。そのためにエアコンをつければ、電気をつかうことになります。そのとき、ちょっとした工夫で、電気の使用量をへらすことができます。

夏でも朝はすずしいことがあります。窓を開けて外の風を入れれば、しばらくはエアコンなしでもすごせます。冷房を強くしすぎないよう、夏のあいだは仕事中でもすずしい服を着る「クールビズ」が、社会に広まってきました。ただし、むりに省エネして体の具合が悪くなるとこまるので、冷房にしても暖房にしても、ちょうどよい省エネを心がける必要があります。

冷蔵庫も、ドアを開けておく時間を少なくすると省エネになります。ドアを開けてから「なにか食べるものがないかなあ」とさがしていると、そのあいだに、せっかく電気をつかってひやした空気がにげてしまいます。

冷蔵庫を開けたままにすると、ひやす力が弱まり、食材もいたみやすくなる。

待機電力

ガス湯わかし器やテレビ、エアコンなどは、つかっていないときでも、少し電気が流れています。スイッチを入れたとき、すぐにうごきはじめられるように、いつも準備しているのです。そのためにつかわれている電気を「待機電力」といいます。2012年の調査では、家庭でつかっている電気の約５％が待機電力でした。

電気製品によっては、この待機電力が少なくなるように設定できるものもあります。たとえば、DVDのプレーヤーは、待機電力を省エネモードにすることができる機種があります。ある機種では、ふつうに電源を切ったときの待機電力が15ワットです。動かしているときは29ワットの電力をつかうので、切ったときも、その半分くらいの電力をつかっているわけです。ですが、省エネモードにすると、待機電力を１ワット以下におさえることができます。ただし、電源を入れてからつかえるようになるまでに少し時間がかかります。

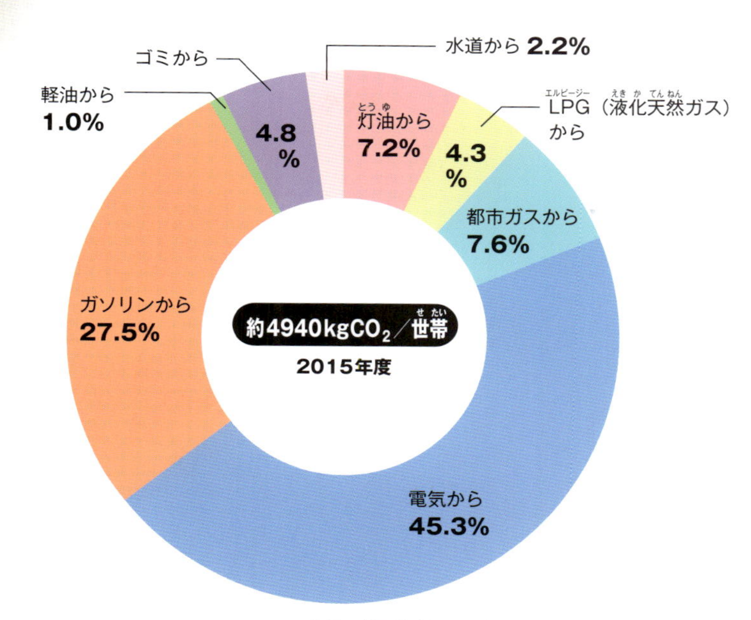

参考：全国地球温暖化防止活動推進センター
（数値出典：温室効果ガスインベントリオフィス）

プラグをコンセントからぬいてしまえば待機電力はゼロになりますが、機械に悪い影響をあたえる場合もあるので、その点は注意しなければなりません。待機電力がどれくらいなのかは、電気製品を買ったときについてくる取扱説明書に書いてあります。

「ワット」と「ワット時」

電気の量をあらわす単位に、「ワット」と「ワット時」があります。

「ワット」というのは、そのときに流れている電気の強さです。同じ種類の電球なら、30ワットの電球より60ワットの電球のほうが明るくかがやきます。２倍の強さの電気が流れているからです。この「ワット」であらわされる電気の強さを「電力」といいます。

30ワットの電球を１時間つけておくのに必要な電気の量は、60ワットの電球を30分つけておくのと同じ量です。電力が小さくても、長い時間つけていれば、たくさんの量の電気をつかうことになります。つかった電気の総量を「電力量」といいます。単位は「ワット時」です。30ワットの電球を１時間つけておいた場合の電力量が30ワット時です。もし20分しかつけていなければ、その３分の１の10ワット時になります。

「キロワット」「キロワット時」という単位もあります。「キロ」は「1000倍」の意味なので、1000ワット、1000ワット時が、それぞれ１キロワット、1キロワット時です。日本の家庭が1か月につかう電気の量は300キロワット時くらいです。

15 むだをなくして省エネしよう②

つかわなくなったものをフリーマーケットに出して、ほかの人につかってもらう方法もある。

ふだんの生活のしかたをちょっと見直すだけでできる省エネもあります。一人ひとりの省エネは小さくても、みんなで心がければ、大きな省エネになります。

自動車でなく電車をつかうのも省エネになる。

つかえるものは捨てないでつかおう

わたしたちの身のまわりには、いろいろなものがあります。ご飯を食べるテーブルや茶わん、学校でつかう教科書やノート、そして家やビルディング。これらはすべて、何かを材料にして、それを加工してつくったものです。そのとき、電気をつかったり熱を加えたりするので、かならずエネルギーをつかいます。そのときに二酸化炭素が出るのです。

ですから、まだつかえるものをなんでも捨てて新しいものに取りかえるような生活をすると、よぶんな二酸化炭素を出していることになるのです。

そして、捨てたものをごみとしてもやせば、そのときにも二酸化炭素が出ます。日本の家庭から出る二酸化炭素の約５％が、ごみからうまれるものです。

何かを買いかえようとするとき、「このままもうちょっとつかえないかな」と考えてみるのも、りっぱな省エネです。

家庭の自動車はたくさんの二酸化炭素を出している

日本で出されている二酸化炭素のうち、6分の1が自動車や電車などの乗り物によるものです。

このうち半分が、家庭の自動車です。一方で、電車などの鉄道は4％、バスは2％です。家庭の自動車は、少ない人数のために1台を動かし、そのためにガソリンをつかって二酸化炭素を出します。電車やバスなどの公共交通機関を利用したほうが、二酸化炭素をふやさずにすむのです。

大きな都市では最近、町のなかのいろいろな場所で借りたり返したりできる公共の自転車もふえてきました。

●乗り物別の二酸化炭素排出量

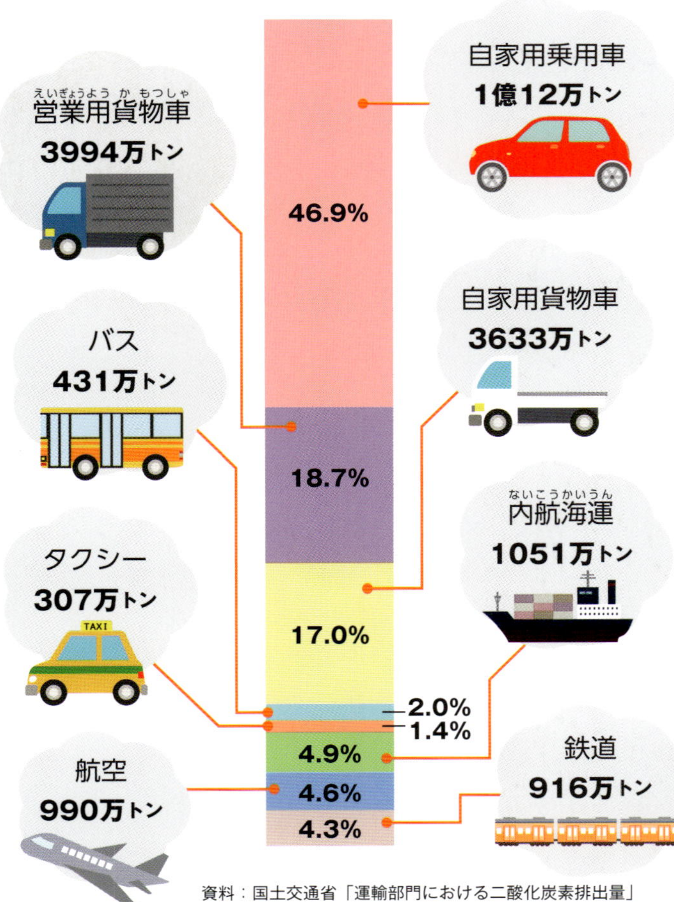

資料：国土交通省「運輸部門における二酸化炭素排出量」

地産地消

遠くでとれた野菜を、みなさんの家の近くにあるお店にもってくるには、トラックなどで長い距離をはこばなければなりません。そのときに燃料をつかうので二酸化炭素が出ます。もし、みなさんの家に近い地元でとれた野菜ならば、はこぶ燃料を節約することができます。このように、地元でとれた野菜や魚などを、遠くにはこばずに地元で消費することを「地産地消」といいます。

地産地消の目的は、二酸化炭素を出す量をへらすことだけではありません。「このほうれん草は、いつもあそんでいる広場の近くの、あの畑でとれたんだ」というように、食べ物への関心を高めることにもなります。そうした社会の関心が、体に悪い食べ物が出まわることをふせぐ力にもなります。

このように、生活のしかたを見直すなかで、少しずつ地球温暖化をおさえていく方法もあるのです。

すぐそばでとれた野菜を売る直売所。

16 ふえてきた省エネの製品

最近は、家庭用の電気製品も、つかう電気が少なくてすむようになってきました。いくつかの身近な例を見てみましょう。

冷蔵庫

家庭でつかっている電気製品は、少ない電気ではたらくようになってきています。

冷蔵庫は休みなく動いているので、たくさんの電気をつかいます。ですが、最近は、ひやす装置を改良したり、冷蔵庫のかべをとおして外から熱が入りこまないように工夫したりして、電気が少なくてすむようになってきました。2005年ごろからの10年間で、つかう電気の量は半分以下になっています。

このほか、やはり家庭内でたくさんの電気をつかっているエアコンも、省エネが進んできています。

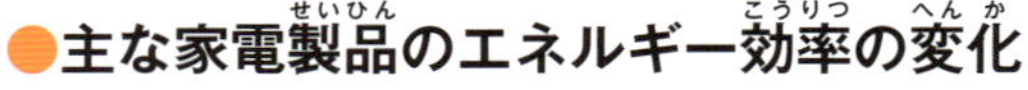

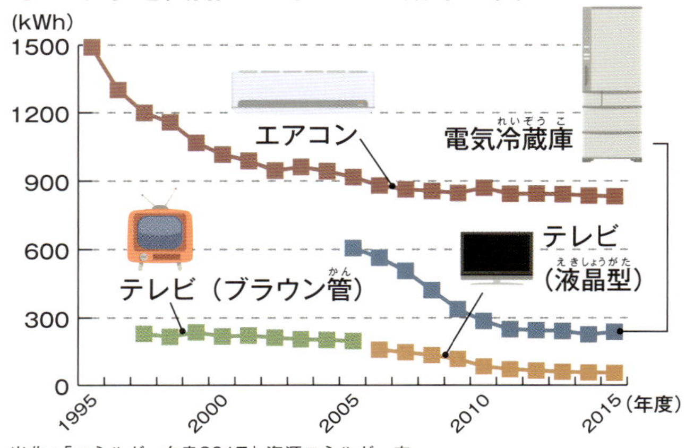

出典：「エネルギー白書2017」資源エネルギー庁

LED電球

今、家庭の明かりには、おもに白熱電球、蛍光灯、LED電球がつかわれています。白熱電球は、近くに手をかざすとあたたかいことからわかるように、つかった電気が、明るくする以外に、熱としてむだにうしなわれています。電球よりも蛍光灯のほうが、そしてLED電球のほうが、少ない電気で明るくすることができます。

たとえば、居間でつかうLED電球の照明の消費電力は、65ワット（→P39）くらいです。同じ広さの部屋で蛍光灯の照明をつかうとすると、100ワットくらいになります。LED電球の照明は、蛍光灯の7割くらいの電力ですんでいます。

LED電球は、2010年ごろから広くつかわれるようになってきました。そのころは値段がとても高かったのですが、今は安くなってきています。

自動車

自動車の多くは、ガソリンをもやしてそのエネルギーで走っています。大きな自動車は重いので、それを動かすには強いエンジンが必要です。そのため、たくさんのガソリンをつかいます。

１リットルのガソリンでどれだけの距離を走ることができるかをしめす数字を「燃費」といいます。より長い距離を走れるとき、「燃費がよい」といいます。最近の新しい自動車は、ずいぶん燃費がよくなってきました。

さらに燃費をよくするため、「ハイブリッド」とよばれる自動車もふえてきました。ガソリンだけをつかう自動車の場合、とまるためにブレーキをかけると、走っていたときのエネルギーは、すべてうしなわれてしまいます。ハイブリッドの自動車は電池もつんでいて、とまるときにうしなわれるはずだったエネルギーを電池にためて、走るときに再利用します。

現在は、ガソリンをつかわない電気自動車も開発されています。電気をつくるときに二酸化炭素を出しているので、電気自動車も二酸化炭素をゼロにすることはできませんが、エネルギーをあまりむだにすることなく走れる省エネの自動車です。

充電中の電気自動車。

省エネへの取り組み方

新しい冷蔵庫は、たしかに少ない電気でつかえて省エネになっているのですが、まだつかえる冷蔵庫を捨てて、新しい冷蔵庫に取りかえれば、むだなごみを出すことになります。

最新型の冷蔵庫は電気代が少なくてすむので、長くつかえばお金の節約になるのですが、買いかえるときにはお金がかかります。LED電球もかなり安くなってきましたが、それをつかうためには、照明器具ごと買いかえなければならないこともあります。

ですから、なんでもかんでも省エネを進めればよいというわけではありません。むりをすれば、生活そのものがなりたたなくなってしまいます。わたしたちのできる範囲で、できるだけ省エネに取り組むことが大切です。

冷蔵庫やテレビなどの大きな電気製品を捨てるときは、部品などをリサイクルすることが法律で定められている。

省エネ製品の目じるし

省エネ性能の高い製品がひとめでわかるよう、いろいろな表示方法が工夫されています。つかう電気やガソリンが少なければ、電気代なども節約できるので、新しい製品を買うときの目安になります。

ちょっとした心がけで省エネを

なかなか省エネが進まない理由を調べる調査が、東京都民を対象に2015年におこなわれました。

その結果、実行されていない省エネ対策で多かったのは、「少ない水でつかえるシャワーにする」「フローリングの床でつかうときは掃除機を『弱』にする」「テレビの明るさをおさえたり省エネモードでつかう」の順でした。

その理由としては、「シャワーで水を少なくする必要性を感じない」「『弱』だときれいにならない気がする」「テレビは明るいほうが見やすいから」「テレビの設定をかえられることを知らなかった」などでした。

この調査報告書によると、掃除機の「弱」をこまめにつかえば１年間に約1000円の、テレビの明るさをおさえると約700円の節約になるそうです。省エネに取り組むちょっとした気持ちさえあれば、もう少し省エネが進みそうなものもありそうです。

省エネの進み具合をしめす制度

電気製品などを買いかえるとき、省エネの進んだものを買えば、つかう電気の量をへらせて電気代の節約になります。カタログを見れば消費電力は書かれていますが、それがどれくらい進んだ省エネなのかは、よくわかりません。

そこで、日本では、省エネの進み具合がひとめでわかる「省エネルギーラベリング」の制度が、2000年にはじまりました。機器の種類ごとに省エネの目標を決めて、それを達成しているかどうかをマークの色で表示します。緑色なら目標を達成している省エネ機器で、オレンジ色は目標に達していないことをしめしています。

さらに、冷蔵庫、照明器具、テレビ、エアコン、温水洗浄便座については、どれくらい省エネになっているかを星の数でしめす「多段階評価制度」もつかわれています。星の数が多いほど、より省エネになっています。

自動車の「燃費」と「低排出ガス」

燃費（→P43）がよい自動車には、「燃料基準達成車」のシールがはられているのを、よく見かけます。「+20%」というように、どれくらい燃費がよいかを数字でしめしています。

また、排ガスにふくまれている有害な物質が、基準となる値にくらべてどれくらい少ないかをしめす「低排出ガス車」のシールもあります。こちらは、地球温暖化ではなく、大気汚染を防止するための取り組みです。星の数が多いほど、一酸化炭素や窒素酸化物などの有害物質が少ないことをしめしています。

東京都には、燃費がよく排出ガスも少ない自動車を対象に都立公園などの駐車料金を割りびく制度があります。

燃費のよさをあらわすシール。

●省エネラベルの例（電気冷蔵庫）

このラベルを作成した年度を表示。

ノンフロン電気冷蔵庫はノンフロンマークを表示。

①多段階評価
- 市場における製品の省エネ性能の高い順に、5つ星から1つ星で表示。
- トップランナー基準（もっとも省エネ性能がすぐれている機器）を達成している製品がいくつ星以上であるかを明確にするため、星の下のマーク（◀▶）でトップランナー基準達成・未達成の位置を明示。

②省エネルギーラベル
- 省エネ性マーク、省エネ基準達成率、エネルギー消費効率、目標年度を表示。

③年間の目安電気料金
- エネルギー消費効率（年間消費電力量など）をわかりやすく表示するために年間の目安電気料金で表示。

※ 電気料金は、公益社団法人 全国家庭電気製品公正取引協議会「新電気料金目安単価」から1kWhあたり27円（税込）として算出。

さくいん

あ行

か行

さ行

た行

な行

は行

ま行・ら行

■著
保坂　直紀（ほさか　なおき）
サイエンスライター。東京大学理学部地球物理学科卒。同大大学院で海洋物理学を専攻。博士課程を中退し、1985年に読売新聞社入社。科学報道の研究により、2010年に東京工業大学で博士（学術）を取得。2013年に読売新聞社を早期退職し、2017年まで東京大学海洋アライアンス上席主幹研究員。著書に『これは異常気象なのか？』（岩崎書店）、『海まるごと大研究』『謎解き・海洋と大気の物理』『謎解き・津波と波浪の物理』『子どもの疑問からはじまる宇宙の謎解き』（いずれも講談社）、『図解雑学 異常気象』（ナツメ社）など。気象予報士。

■編集・デザイン
こどもくらぶ（木矢恵梨子、矢野瑛子）
こどもくらぶは、あそび・教育・福祉の分野で、子どもに関する書籍を企画・編集しているエヌ・アンド・エス企画編集室の愛称。図書館用書籍として、年間100タイトル以上を企画・編集している。主な作品は、『知ろう！　防ごう！　自然災害』全3巻、『世界にほこる日本の先端科学技術』全4巻、『和の食文化　長く伝えよう！　世界に広めよう！』全4巻（いずれも岩崎書店）など多数。
http://www.imajinsha.co.jp/

■制作
（株）エヌ・アンド・エス企画

■写真協力
表紙：ユニフォトプレス
© Worradirek Muksab/123RF
© jiamaomi / 123RF
© pancaketom / 123RF
© Ushico / PIXTA
© tomos / PIXTA
© Fast&Slow / PIXTA
© naka
© goce risteski
© veeterzy

■参考資料
気候変動2014統合報告書（政策決定者向け要約）
エネルギー白書2017
自然エネルギー白書2016

この本の情報は、2017年11月までに調べたものです。今後変更になる可能性がありますので、ご了承ください。

やさしく解説 地球温暖化　③温暖化はとめられる？　　**NDC451**

2018年1月31日　第1刷発行
2020年8月31日　第4刷発行
著　保坂直紀
編　こどもくらぶ
発行者　岩崎弘明
発行所　株式会社 岩崎書店
編集担当　鹿島 篤（岩崎書店）
〒112-0005　東京都文京区水道 1-9-2
電話　03-3813-5526（編集）　03-3812-9131（営業）
振替　00170-5-96822
印刷所　株式会社 光陽メディア
製本所　株式会社 若林製本工場

48p 29cm×22cm
ISBN978-4-265-08585-9
岩崎書店ホームページ　http://www.iwasakishoten.co.jp
ご意見、ご感想をお寄せ下さい。E-mail　info@iwasakishoten.co.jp
落丁本、乱丁本は送料小社負担でおとりかえいたします。

やさしく解説(かいせつ)
地球温暖化(ちきゅうおんだんか)

著／**保坂直紀**（サイエンスライター・気象予報士）
編／こどもくらぶ

全3巻

1 温暖化(おんだんか)、どうしておきる？

2 温暖化(おんだんか)の今(いま)・未来(みらい)

3 温暖化(おんだんか)はとめられる？